响应儿童的学程
学习者中心的校本课程开发

丛书主编 / 李晓艳

儿童环境教育教程

# 蓝鹊在线

朱映晖 编 著

华中科技大学出版社
http://www.hustp.com
中国·武汉

**图书在版编目（CIP）数据**

蓝鹊在线 / 朱映晖编著 .—武汉：华中科技大学出版社，2017.11
ISBN 978-7-5680-2881-3

Ⅰ．①蓝…　Ⅱ.①朱…　Ⅲ.①环境保护 – 青少年读物　Ⅳ.①X-49

中国版本图书馆 CIP 数据核字（2017）第 124788 号

**蓝鹊在线**

Lanque Zaixian

朱映晖　编著

策划编辑：徐晓琦　范　莹

责任编辑：陈元玉

封面设计：杨小川

责任校对：李　琴

责任监印：周治超

出版发行：华中科技大学出版社（中国·武汉）

　　　　　东湖新技术开发区华工园六路　　邮编：430223　　电话：（027）81321913

录　　排：原色设计

印　　刷：武汉市金港彩印有限公司

开　　本：880 mm×1230 mm　　1/16

印　　张：8

字　　数：171 千字

版　　次：2017 年 11 月第 1 版第 1 次印刷

定　　价：48.00 元

# 在响应儿童的个性需求中寻求教育意义

——"响应儿童的学程"丛书主编寄语

华中科技大学附属小学是教育部直属的高校附小，学校以"全人教育"思想为指导，提出了"给孩子完美的童年，让师生完满地成长"的办学理念，致力于实现"把附小办成一所面向未来、有科学涵养和人文关怀的现代化学校"的办学目标，让学校成为学生喜爱的地方，并促使学生能"平衡发展，快乐成长"。

在多年的办学历程中，学校认识到只有承认个体差异性，只有尊重个性，即尊重那种"属于他自己的、别人无法代替的东西"，全人教育才能实现；只有成全和成就每个孩子，才能"走向真实的教育"。

《国家中长期教育改革和发展规划纲要（2010—2020 年）》强调：坚持全面发展与个性发展的统一；关注、尊重学生个性，促进个性发展；创造条件开设丰富多彩的选修课，为学生提供更多选择，促进学生全面而有个性的发展；关注学生的不同特点和个性差异，发掘每一个学生的优势潜能。

不久前正式发布的《中国学生发展核心素养》提出以培养"全面发展的人"为核心，提出要培养学生的"人文底蕴和科学精神"，强调要使学生"认识和发现自我价值，发掘自身潜力"，强调培养学生"具有问题意识；能独立思考、独立判断；思维缜密，能多角度、辩证地分析问题，做出选择和决定等"，这些思想理念都已很好地体现在了华中科技大学附属小学的学校文化中。

课程，是学校提供教育服务的"产品"，也是学校的核心竞争力。让学生喜欢课程，既是学校办学"学生立场"的重要体现，也是学生自我生命个体"平衡发展，快乐成长"的内在需求。从某种意义上说，课程的个性化导向也是体现学校办学特色的主要方式。

基于上述考虑，学校提出了建立"响应儿童的学程"的课程开发理念。从课程入手，让课程为学生的个性成长服务，建立响应儿童需求的学习历程和学习课程，让课程的选择性服务于学生成长的全面性。

在"响应儿童的学程"的理念指导下，学校在立足国家课程、开发校本课程、整合课外活动的基础上，精心设计了"助力完美童年的个性化课程体系——Ω 课程体系"。

Ω 课程体系从实施的途径上看，分为国家课程、校本必修课程和校本选修课程等三类。国家课程和校本必修课程是面向全校所有学生的课程，旨在促进学生核心素养的全面充分发展，体现其基础性、完整性和系统性。校本选修课程是学生依据自己的兴趣、需求自主选择的课程，旨在满足学生的个性需求，促进学生的个性发展。该类课程多为综合类课程，体现其选择性、综合性和实践性。这一整体课程结构着眼于在总体上实现"平衡发展，快乐成长"的培养目标，实现全人教育与个性教育的统一、科学教育与人文教育的融合。

课程对学生的教育意义不言而喻，而被赋予教育意义的课程才是有价值的。"响应儿童的学程"丛书由"个性化课程整体开发研究""学习者中心的校本课程开发"和"梧桐树下的童年"等三个系列组成，分别呈现了华中科技大学附属小学 Ω 课程体系的理论与实践研究、学校校本课程和国家课程校本化实施的成果。我们努力借助"响应儿童的学程"丛书来传递我们坚持"学生立场"，让课程适应每一位学生，让每一位学生成为最好的自己的教育观念。我们也寄希望于丛书的出版，让课程更富有教育的意义，从而增强课程开发者和执行者教书育人的使命感。

李晓艳

2016 年 9 月 28 日

前 言

  "蓝鹊在线"是我校在科学学科教学基础上开发的进行环境教育的校本课程。该课程力图通过学校、家庭、社区三个生活圈层，引导学生系统地认识生活、科学和环境三者之间的关系。

  该课程共设立了三个主题活动，即"教室的环保医生"、"今天我当家"和"社区'六·五'演出"，引导学生关注身边的环境与环境问题，在亲近、欣赏、享受、热爱大自然的过程中，体验自己也是大自然的一份子；从习以为常的生活小事中，感知人类生活与环境息息相关，帮助学生获得与环境和谐相处所需要的知识、方法和能力，培养学生有益于环境的情感、态度和价值观，养成对环境友善的行为方式。

  "蓝鹊在线"是我校最早设立的校本课程之一。2004年，"蓝鹊在线"作为有着成型校本教材的课程，在湖北省校本课程建设研讨会上进行了交流。时隔13年，当时的某些设计理念至今仍有较强的指导意义。

  任何活动的设置从其外部表征考察都有其各自的特点，但从其内核与本质来审视，所有活动的实施都无外乎一个目的——提高人的素养，这也是所有教育者和受教育者从事其教育活动的根基。剖析"蓝鹊在线"活动的内核与本质，它也是适用于以上规律的，只不过它的核心还可以具体概括为"提升学生现代综合素养"。之所以这样讲，是因为"蓝鹊在线"活动是基于环境教育对学生多元化发展的活动，这种多元化发展通过以下"四性"得以体现。

  一是综合性。从学习内容上看，"蓝鹊在线"活动兼有自然科学与人文社会科学以及美学艺术的内涵；从学习过程来看，"蓝鹊在线"活动能帮助学生从多种角度全面理解环境系统，掌握社会环境与生态环境及其内部各组成要素之间的密切联系和相互作用。

  二是生活性。"蓝鹊在线"活动所涉及的内容从学生熟知的学校、家庭、社区三个空间维度展开，通过医生、小当家、文艺演员等不同角色扮演使学生亲历一些人们常见又容易忽视的环境问题，使得教育的选题既亲近学生，又不至于因陌生而产生距离感。

三是实践性。"蓝鹊在线"活动重视学生的实践能力，强调在亲身体验中去发现和创造，在参与中促进交流与理解。使学生在解决现实环境问题的过程中，发展批判与反思能力，树立正确的环境价值观，建立与环境和谐相处的健康的生活方式，进而增强积极参与有关环境和可持续发展决策与行动的意识。

四是探究性。以探究式学习为核心，突出学生自主合作探究的过程和能力发展，让学生在亲身体验和自主探究中去发现与创造，在积极参与中促进交流与理解。"蓝鹊在线"活动注重探究过程中学生与各环境资源之间的互动，特别强调信息技术、劳动与技术、社区服务和社会实践等在教育过程中的整合，使学生在经历活动的过程中不断提升自身的现代综合素养。

希望本书能给在校学生自主开展主题探究活动，在认识环境与科学、生活的关系等方面起到引领作用；也希望这一系列的活动能给从事环境教育的朋友们在开展相应活动时起到指导和帮助作用。

特别感谢沈澜老师和附小孩子们为本书插图提供的帮助！

朱映晖

2017 年 4 月 27 日

# 目 录

# 第3章 社区"六·五"演出

# 教室的环保医生

JIAOSHI DE HUANBAO YISHENG

第1章

# 给小朋友的一封信

亲爱的小朋友：

当你打开这本老师为你准备的课本时，你已经成为一名"教室环保医生"了。

很高兴你能接受这项任务。在以后的日子里，我们将携手完成"医护"教室的工作。想着自己将成为一名"白衣天使"，你心里一定很激动吧！

在"医护"教室的过程中，你会因为能找出教室的环境"疾病"而高兴，会因为自己拥有出色的医术而欣喜，更会因为替教室恢复健康而感到自豪。

你肯定会成为一名很棒的"教室环保医生"的！

你的环保朋友——蓝鹊

# 第 ① 课 | 环境专科医院成立

环境专科医院

空间采光科　噪声科
空气科　　辐射科
垃圾科

环境专科医院建成了！

环境专科医院是一所针对各教室环境问题而建立的专门医院，主要职责是对教室中存在的环境问题进行诊断、医治。医院内开设了空间采光科、噪声科、空气科、辐射科、垃圾科，每天有专家坐诊。创办医院的目的是让学生有更加健康的体魄，使里面的学生能更好地生活。

哪些教室是环境专科医院服务的对象呢？

## 寻找生病的"教室"

电脑教室肯定是环境专科医院服务的对象。

健身房应该诊断一下！

多媒体教室呢？

我想我们上课的教室问题不少呢！

还有舞蹈教室。

# 第 **2** 课 给教室"看病"

今天辐射科的
医生正式上岗了。
会有哪些教室来
"看病"呢？

电磁污染
到底是什么？

**诊 断 书**

经过几位专家的初步诊断，前来就诊的"病人"中，电脑教室的病情最严重。需要对电脑教室做进一步的诊断。

 收集与整理关于电磁辐射、电磁污染的资料

**电磁辐射**是指能量以电磁波的形式发射到空间的现象，或解释为能量以电磁波的形式在空间传播。电磁辐射是由电磁发射引起的。

**电磁污染**是指天然的和人为的各种电磁波干扰，以及对人体有害的电磁辐射的总称。

虽然各种各样的电磁波看不见、摸不着，但是无时无刻都存在我们的身边，穿越我们的肌体，损害我们的健康。为了保护我们的身体健康，我们必须去了解这些电磁辐射究竟是怎样伤害我们的身体的。

不知道同学们收集到了什么资料？

除了我们的教室，还有很多地方存在着电磁污染。

## 实地考察生活中的电磁污染

我们实地考察了生活中的电磁污染，主要有以下这些。

电磁污染有很多的危害。

疾情档案

　　电磁污染会直接损害人体的健康，它可造成神经系统失调、头痛、头晕、食欲不振、失眠多梦、记忆力减退、胸闷、心悸、脱发等。

　　青少年接触最多的是电脑和电视机。电脑、电视机的辐射会对眼睛产生伤害，因此，同学们一定要特别注意，长期使用电脑会产生结膜充血、视力下降、调节力减弱、泪液分泌减少等症状，严重时甚至会有眼压升高的情形产生。

今天有空气科专家坐诊，请大家按秩序排队，谢谢合作！

我先给普通教室做一个化验，然后做一个咨询。

# 把双面胶粘在教室的玻璃窗上

一段时间后，双面胶怎么样了？

## 疾情记录

　　通过粘双面胶的"化验"，我们发现双面胶上有很多灰尘，从这一点可以断定空气中有很多灰尘。灰尘多是空气污染的一种表现。

　　灰尘进入肺里可造成对肺的损害，形成难以治愈的疾病——"尘肺"，使人呼吸困难，给学习、生活、工作都带来不便，甚至导致不能平躺，更有甚者还可引起死亡。因此，千万别小看灰尘的危害。

## 游戏：吹袋子

准备好一个干净的塑料袋。

向塑料袋内吹气。

如果天气冷，在塑料袋上会出现水雾。

用袋子里的空气呼吸，时间一长就受不了，里面的空气太闷了。

其实，在教室里也会有类似的事情发生。

## 教室开窗通风的重要性

为什么时间长了会感到闷呢？

其他教室也需要马上诊断，我们一起研讨一下吧！

疾情记录

若同学们在教室里不注重开窗通风，则教室里面的二氧化碳含量会增多，空气质量会下降。长此以往，将影响同学们的身体健康。

比一比：分两组去找找健身房、舞蹈教室中的空气问题。

可以用眼睛去观察。

可以用鼻子去闻。

还可以……

 **交流** 比一比哪组的方法又多又准确。

VS

使用方法：

发现问题：

使用方法：

发现问题：

# 收集整理生活中的空气污染情况

除了教室中的空气污染，生活中还有很多类型的空气污染，请看以下图片。

  我收集到的空气污染资料。

## 空气污染与治理档案

当空气中正常成分之外的物质达到对人类健康、动植物生长以及气候产生危害的时候，我们就说大气受到了污染。

通常，人们防治环境污染的方法有以下这些。

改革能源结构，多采用无污染能源，（如太阳能、风能、水力发电）和低污染能源；厂址选择、烟囱设计、城区与工业区规划等要合理；大户排放不要过度集中；不要造成重复叠加污染，导致发生局地严重污染事件。

## 收集记录教室里的垃圾情况

| 时　间 | 主要垃圾 |
| --- | --- |
| 第一天 | 面包、可乐罐、牛奶包装袋 |
| 第二天 | 废纸、牛奶包装袋、废笔芯 |
| 第三天 | 废电池 |
| 第四天 | |
| 第五天 | |

上面是我的记录，接下来请你按照这个样子进行记录。

　　通过我们的跟踪调查，发现普通教室里有很多的垃圾。

　　由于同学们对垃圾知识了解得较少，又不注意处理垃圾的方法，因此教室里的垃圾成为比较严峻的问题。

 教室里的垃圾分别属于什么类型？

**垃圾档案**

（1）食品垃圾。这是食用各种食品所产生的残余废物的总称，如口香糖、苹果皮等。

（2）普通垃圾。这是人们日常生活废物的总称，如废弃的木制品、纸制品、塑料、皮革制品，丢弃的碎玻璃、金属制品，尘土等。

（3）危险垃圾。这是对人类的生命和动植物具有瞬间的、短期或长期危害的垃圾，如干电池、日光灯管、体温计等各种危险品、易燃品、易爆品。

## 讨厌垃圾的理由

确实，垃圾会产生很大的危害。它能侵蚀土地，对水、大气和人体健康都会造成危害。

**垃圾危害档案**

据统计，我国每年产生垃圾约 30 亿吨，约有 2 万平方米耕地被迫用于堆放垃圾，导致土地退化。

→

垃圾在堆置或填埋过程中产生的有毒物质渗透到地表水或地下水中，造成水体黑臭，从而使地下水浅层不能使用，水质恶化，影响水生物繁殖和水资源利用。

↓

垃圾中，有毒气体随风飘散，使呼吸道疾病发病率升高，对人体构成致癌隐患。地下水的污染物含量超标，会引发多种疾病。

←

在垃圾区，由于焚烧或长时间堆放，使垃圾腐烂霉变，释放出大量恶臭、有毒的气体，粉尘和细小颗粒物随风飞扬，污染空气。

原来垃圾有那么多危害，难怪人们那么讨厌它。

将我们生活周围所看到的垃圾危害填写在下框中。

- 
- 
- 
- 
- 
- 

今天，我们噪声科的医生外出义诊。

 **对不同声音的感受**

面对生活中的各种声音，有哪些感受呢？

聆听音乐时，我感到很享受。

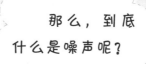

那么，到底
什么是噪声呢？

疾情档案

　　噪声是指由于发声体的不规则振动而产生的音高和音强变化混乱、听起来不和谐的声音。从生理角度讲，噪声是一切不需要的、使人烦恼的、在一定环境中不应有而有的声音，泛指嘈杂、刺耳的声音。噪声是用分贝来衡量的。分贝是声压级单位，记为 dB，用于表示声音的大小。1 分贝大约是人刚刚能感觉到的声音。生活环境中适宜的声音不应高于 45 分贝，不应低于 15 分贝。

寻找噪声

这些噪声
是怎么来的呢？

 交流　给我印象最深的噪声体验。

通过我们的诊断，教室里的噪声有很多种。

噪声对环境是一种污染，会对人造成不良影响，是社会公害之一。

噪声对人类的危害是多方面的，听觉器官首当其冲。噪声强度越大，对听力的危害也越大，可使人出现耳鸣、听力减退，甚至造成噪声性耳聋。人们长期在有噪声的环境下工作和生活，会对身体各部位产生不良后果。

## 测量人均面积

用教室长与宽的乘积除以教室内的人数，就可以得到教室空间的人均面积。

**教室空间健康指数参照**

教室人均占地面积：小学不小于 0.8 平方米。

课桌椅排距：小学不小于 1.10 米。

过道宽度：小学不小于 0.85 米。

教室第一排课桌前沿与黑板的水平距离应大于 2 米，最后一排课桌后沿与黑板的水平距离应小于 8 米。

 **交流** 我们教室的空间和人均活动面积是多少？

疾情档案

教室的空间大小会直接影响我们的健康。如果教室空间不大，便会有压抑、不舒畅的感觉，甚至影响心情，从而不能很好地学习。

空间与采光问题是紧密联系在一起的。

我们教室的采光

白天不开灯会觉得光线很暗。

书写时会有身体或手的阴影，影响我们的视力。

疾情记录

上面的情况说明教室采光不良。

在采光不良的教室中学习会直接影响学生的视力。

# 第 3 课　给教室一个良方

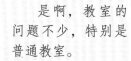

## 教室环境专科医院院务会

是啊，教室的问题不少，特别是普通教室。

要解决教室的问题，我觉得需要同学们一起行动。

对，拿出药方来为教室做治疗。

我们应该尽快拿出治疗方案。

　　要针对教室的环境疾病进行治疗，教室环境专科医院经过讨论后，初步决定按照治理空气、垃圾、噪声、辐射和空间采光的顺序进行治疗。

　　在这个过程中，需要同学们做的事情有：

● 收集一些相关的资料。

● 能对教室负责，并保持对教室的一份热心。

● 能及时采取行动。

## 寻找教室里灰尘多的原因

 **交流** 减少教室灰尘的方法。

根据同学们的讨论结果，我们有了控制病情的药方：

● 在教室中洒水。

● 避免在教室中跑动。

● 开窗通风。

据同学们反映，教室里有时会有异味，特别是舞蹈教室和电脑教室，那怎样使空气好起来呢？

 收集净化空气的良方

**空气净化档案**

有人做过实验，证明吊兰在其生长期间净化空气的功效比一般的空气净化装置更胜一筹，故吊兰又有"绿色空气净化器"的美名。在十几平方米的居室内放置 1 ~ 2 盆吊兰，就能在 24 小时内将空气过滤一遍，明显让人感到空气清新。

有些花卉能分泌杀菌素，如茉莉花、丁香、金银花、牵牛花等花卉能分泌出杀菌素而杀死空气中的某些细菌，抑制结核、痢疾病原体和伤寒病菌的生长，使室内空气清洁卫生。

将我们搜集到的空气净化良方填写在下面的方框中。

- 
- 
- 
- 
- 
-

同学们多次提出室内垃圾的问题，让我们一起去看看吧！

## 调查同学们扔垃圾的情况

请根据你对同学们扔垃圾的情况进行调查，在下面的方框前打钩并进行统计。

☐ 随手乱扔垃圾；

☐ 没办法才扔到垃圾桶里；

☐ 有卫生意识，把垃圾扔到垃圾桶里；

☐ 将垃圾分成不同的类别扔到垃圾桶里。

| 类别 | 第一类 | 第二类 | 第三类 | 第四类 |
|------|--------|--------|--------|--------|
| 人数 | | | | |
| 百分比 | | | | |

## 药 方

看来需要给教室开个药方啦！

药方一：给每个同学制作一个垃圾袋。

药方二：在教室里安置投放不同垃圾的垃圾桶。

药方三：不随意扔掉一些简单可利用的垃圾，这样可减轻环卫工人的工作，还会有意想不到的乐趣。

## 制作简易垃圾袋

**材料清单**　　废弃的较有韧性的纸或废布料、剪刀、针和线。

步骤如下。

①裁剪两片大小一样的布或纸。

②将两根拎带分别缝制到两片布或纸上。

③将两片布或纸缝制成袋状。

④缝制 2 ~ 3 个布袋或纸袋，以便投放不同的垃圾。

## 废旧物品利用小制作

将身边准备丢弃的纸张、瓶子等物品组合起来，制作成一件小工艺品。

花篮

大炮

小人

还有很多废旧物品可以加以利用，进行小制作。

同学们将垃圾进行合理处理后，教室的空气好多了，但是噪声的存在常使教室不得安宁。

## 写一份治理噪声的倡议书

写一份治理噪声的倡议书，并在不同的场所进行宣传。

### 倡 议 书

亲爱的同学们：

当你潜心思考一个问题时，有没有过被突发的尖叫声搅乱思绪的情况；当你享受休闲的快乐时，是否有被一些烦人的嘈杂声破坏过情绪。

是啊，我们经常会遭受噪声的侵扰。这位"不速之客"的到来往往会给我们带来极大的麻烦，影响我们的学习、工作和心情，更可怕的是，还会影响我们的身体健康。因此，我们应该认识到噪声的危害性，同心协力防治噪声，让它远离我们。

同学们，为了更好地投入学习中，我们应该采取行动阻止噪声的到来。

同学们，我们应该行动起来，捍卫我们享受安静的权利！

环境专科医院噪声科

### 噪声治理档案

绿色植物被人们称为"天然消音器"。稠密的树叶摇曳起来，可以阻碍声波前进，削弱声波的能量。噪声在经过树叶、绿草等多次反射、吸收后，就会大大降低。

## 种植"防治噪声爱心树"

在征得学校同意的情况下，在学校的空地种植"防治噪声爱心树"，并选派有责任心的同学对小树进行照顾。

大家动手植树，噪声一定会降低！

噪声是无形的，电磁污染也是无形的，防治起来可能会比较麻烦。

 **收集防治电磁污染的方法**

注意室内电器的摆放。不要把家用电器摆放得过于集中，以免让自己暴露在超剂量辐射的危险之中。特别是一些易产生电磁波的家用电器，如收音机、电视机、冰箱、微波炉等更不宜集中摆放。

注意使用各类电器的时间。各种家用电器、办公设备、移动电话等都应尽量避免长时间操作，尽量避免多种办公设备和家用电器同时启用。使用手机时，应尽量使头部与手机天线的距离远一些，最好使用耳机接听电话。

注意人体与家用电器的距离。使用各种电器时，应保持一定的安全距离。离电器越远，受电磁波的侵害越小。

 **交流** 教室电磁辐射的防治方法。

使用电脑时，距离电脑屏幕至少60厘米。

看电视时，至少离电视机屏幕1.5米。

可向校长建议多开放几个电脑教室，避免电脑集中在一起。

 向周围的人介绍防治电磁污染的方法

把你的宣传活动记录在下面的表格里。

| 宣传对象 | 爸爸 | 妈妈 | | |
|---|---|---|---|---|
| 宣传内容 | 手机辐射 | 电热板辐射 | | |
| 相关方法 | 使用手机时应尽量长话短说，同时要尽量避免头部在电话接通的那一瞬间靠近手机，因为此时的电磁波强度最强 | 电热板在使用时会产生很强的磁场，影响人的健康，最好不要使用电热板 | | |

还有另外的方法吗？

同学们反映说教室的空间太小了，只有求救于空间采光科的医生了。

**药　方**

　　教室的空间问题虽然是客观存在的，但我们的环保医生有义务改进一下。

　　我们的药方是改变教室中的座位摆放，以使空间的利用更合理。

## 排列教室座位的方法

排成一个"中"字型。

可以试试马蹄形。

把座位围成里外两个圆。

 **交流** 我最喜欢的一种座位排法。

## 教室采光调查

教室采光主要是由自然采光与人工照明决定的，请根据你的调查在下面的方框前打钩并进行统计。

□ 教室采用双侧采光或左侧采光。

教室采光与教室的朝向有关。教室采用左右两侧采光为最好。如果不具备双侧采光，就要争取左侧采光，因为右侧采光或后面的光线均会产生阴影。

□ 教室窗户与教室地面面积比应大于 1 : 6。

玻璃透光的面积与地面面积的比值如果小于 1 : 6，就不符合教室的采光要求。

□ 玻璃窗应选用普通的正品平板玻璃，并经常保持门窗玻璃的洁净。

窗户玻璃的种类和清洁程度对教室的采光影响较大。

□ 教室前无高大的树木遮挡。

□ 教室采用荧光灯照明。

通过同学们的调查，我们已经知道教室采光的问题所在了。我们的意见如下：
- 清洁玻璃。
- 给校长写一封信。

给校长写信时，应注意措辞和语气。

# 第 **4** 课 给教室制订健康发展计划

教室健康发展计划委员会

教室的空气、垃圾等问题得到了处理，还有没有其他的问题存在呢？

我们对教室的环境进行了观察，发现教室不够美观。

那我们一起来制订一个教室健康发展计划吧！

教室美化也是一个很重要的部分。

我们对教室的健康发展制订了一些规划，如对教室进行美化。

教室是同学们共同的家，千万不要乱涂乱画。

## 调查教室里的"涂鸦"情况

将教室里的乱涂乱画情况记录在下面的表格里。

| 处所 | 涂画内容 | 肇事者 |
|---|---|---|
| 墙壁 | | |
| 课桌 | 刻了一个"早"字 | |
| 椅子 | 这是孙大哥的宝座 | |
| 其他 | | |

## 我给教室洗洗脸

请同学们通过自己的努力还教室一个整洁的容貌，避免"涂鸦"事件的发生。

教室是我们共同的家，需要大家一起来美化它。

教室美化小调查

 交流　我发现使教室美化的方法。

## 怎样装饰我们的教室

大家在装饰教室时应考虑多种因素。

我喜欢教室里平等、和谐的气氛。

教室应该看起来比较漂亮，让人感到心情舒畅。

我们考虑的办法一定是我们能办到的。

如果在教室里能看到自己的作品，我会感到很自豪。

## 我给教室穿新衣

同学们在装扮自己的教室时，要做到"整、洁、亮、美"。

## 理想的教室是什么样的

什么样的教室才是理想的教室呢？

教室不仅要美观，而且要舒适。

教室应该充满童趣。

教室可以分为学习区、休息区、游戏区等不同的区域。

理想的教室应该能更好地帮助我们学习。

### 教室设施设计档案

由于同一班级的学生身高差异较大，因此，每间教室应该配置高低不同的课桌椅，以满足不同身高学生的需求。学生坐在椅子上，桌面应齐心脏位置，两脚平地面。

黑板表面应采用耐磨和无光泽的材料，以减少粉尘的产生。

 **交流** 我心目中的教室。

# 第 5 课 | 教室健康跟踪

## 争当优秀教室环保医生

教室环境经过了一段时间的治理后，情况怎么样了？请同学们一起来评一评。

| 治理方向 | 取得的成绩 | | | 存在的问题 | 综合评定 （★★★★★） |
|---|---|---|---|---|---|
| | 诊断评价 | 药方评价 | 综合效果评价 | | |
| 空气 | | | | | |
| 垃圾 | | | | | |
| 噪声 | | | | | |
| 辐射 | | | | | |
| 空间采光 | | | | | |

综合评定用"★"来表示，取得一方面成绩加一颗★，成绩突出加两颗★，存在一个问题减一颗★，综合评定最高等级为五颗★。

## 优秀教室环保医生

请根据教室环境治理活动中同学们的表现，评选出三位优秀的教室环保医生！

## 学习情况自我分析

| 教室中的环境问题 | 我知道的<br>（在相应的框内打"√"） | 我做到的<br>（在相应的框内打"√"） |
|---|---|---|
| 电磁辐射与污染 | ☐ 电视机、电脑等都会产生电磁辐射。<br>☐ 过量的电磁辐射会直接损害人体的健康。 | ☐ 使用电脑时距离电脑屏幕至少60厘米。<br>☐ 看电视时至少离电视机屏幕1.5米。<br>☐ 我向爸爸、妈妈介绍了一些防电磁辐射与污染的相关知识。 |
| 空气污染 | ☐ 通风、粉尘、气味等都关系到空气的质量。<br>☐ 空气质量的好坏直接影响我们的健康。<br>☐ 很多植物能净化空气。 | ☐ 扫地时洒水。<br>☐ 不在教室里跑动。<br>☐ 时常开窗通风。 |
| 垃圾问题 | ☐ 垃圾可以分为普通垃圾、危险垃圾、食品垃圾。<br>☐ 垃圾有很多危害。<br>☐ 电池是危险垃圾。 | ☐ 垃圾分类处理。<br>☐ 我把电池扔进废电池回收箱。<br>☐ 我用一些"废料"进行小制作。 |
| 噪声问题 | ☐ 噪声用分贝来衡量。<br>☐ 噪声对人类的危害是多方面的，听觉器官首当其冲。 | ☐ 我向周围的人做了噪声污染危害大的宣传。<br>☐ 我制止了一些制造噪声的行为。 |
| 空气与采光 | ☐ 空间的大小也影响我们的健康。<br>☐ 在采光不良的教室中学习会直接影响我们的视力。 | ☐ 我对教室进行改变。<br>☐ 针对教室不合理的采光，给校长写信提出改进建议。 |

# 今天我当家

JINTIAN WO DANGJIA

第2章

# 给同学们的一封信

亲爱的同学们：

　　我们每天都和餐桌上的各种食物打交道。在享用美食的时候，你有没有想过，这些食物从加工到食用的各个环节，有没有产生破坏环境的物质？

　　在这个学期与蓝鹊一起开展的活动里，让我们自己做生日餐，从准备和制作"我的生日餐"中去发现更多关于饮食与环境的问题，学会从环境保护的角度去选择吃什么和怎样吃的科学方法。也许，在大家品尝你制作的"环保"生日餐、分享你的快乐的时候，你已经成为一名"环保美食家"！

你的环保朋友——蓝鹊

# 第 ① 课　我在哪里过生日

生日，是一个值得庆祝的日子。每当这样的日子到来的时候，快乐的音乐、漂亮的衣裳、可口的食物等常伴随着我们。

可是，你知道吗，同样是一个生日，选择在哪里度过有很多的学问，说不定你的一个疏忽就会对环境产生破坏。

今天，如果你当家，你会在哪里度过生日呢？

## 找到我的好朋友

在全班范围内通过相互介绍找出与自己出生年月一样的同学，并组成一个小组，在小组内相互介绍和交流自己的喜好以及过生日的共同点。

在自己的小组内跟好朋友介绍和分享自己过生日时最难忘的事。

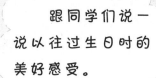

把你认为可以让大家分享生日快乐的地方简要记录在下面的框里。

- 
- 
- 
- 
- 
- 

# 调查生日餐在哪儿吃更好

　　我们可以选择不同的地点、不同的方式与大家分享自己的生日。当然，一次生日聚餐会使你的生日变得格外温馨和快乐。

　　如果今天你当家，那么你想你的生日餐在哪里吃？在众多举办生日餐的地点中，你会进行怎样的选择？

　　如果让我们从洋快餐、中餐厅、家这三个地点选择的话，那么生日餐在哪里吃更好呢？

三个地方都可以举行生日会，该怎样进行比较呢？

比一比在哪里吃生日餐更节约！

看看在哪里吃生日餐对身体健康有好处！

看看在哪里吃生日餐对环境破坏最小！

可以问问同学，还可以去各个餐馆调查。

去问问爸爸、妈妈，也可以咨询一下餐饮店的老板。

我们可以去调查生日餐食品对健康的影响。

到图书馆去查关于食品的资料。

利用国际互联网查找资料会更快、更方便！

请同学们动动脑，说说可以去调查哪些关于生日餐方面的信息，并把它们记录在下面的框里。

- 调查生日餐产生废弃物的情况。
- 调查生日餐费用的情况。
- ……

和同学们说一说在调查和访问中的发现。

吃油炸的食物对健康和环境会不会造成不好的影响？

洋快餐里主要是油炸的食物。

在食品极其丰富的今天，煎炸食品受到儿童的特别喜爱。然而，煎炸可能带来一系列的污染问题，包括油烟的产生、脂肪受热氧化、蛋白质受热变化等几个方面。

研究证明，油脂加热所产生的油烟是中国妇女患肺癌的重要诱因，也是大气污染的重要来源。油脂经过长时间高温煎炸之后，会发生氧化、聚合、裂解等一系列化学变化，口感变黏发腻、颜色变深、难以消化吸收，同时会产生大量有毒、致衰老的物质。

食物中的蛋白质经过高温处理后，不仅吸收利用率下降，而且会产生致癌的杂环胺类物质。此外，煎炸还会破坏食物中的绝大部分维生素。

餐馆中的烹调油经过反复"过油"，制成的菜肴对健康危害更大。炸鸡腿、炸薯条的油通常一天甚至几天才更换一次，其中所含有害物质更多。

为了保护自己的健康，应当尽量在家中用新鲜烹调油炒菜，烹调时要尽量选择炖、煮、蒸、急炒等烹调方式，避免高温油炸。

一顿美餐之后，我们可以把桌上的所有东西扔进垃圾箱再离开。可是，纸盘、纸杯、塑料餐勺、木筷、餐巾纸、塑料餐布等，这些都是一次性产品。

假设每人每餐用 2 个纸盘，那么全国 13 亿人每年将用掉纸盘 28470 亿个！为了生产这些一次性餐具，要砍伐多少树木？要排出多少造纸废水？要用掉多少化工原料？

如今，许多城市已禁用发泡塑料餐盒，代之以纸餐盒。纸餐盒虽然不会引起白色污染，却会带来更大的资源消耗、能源消耗和废水排放量，其成本也是发泡塑料餐盒的 3 倍左右。因此，从某种角度来说，积极回收发泡塑料餐具，较之放心地使用一次性纸餐具对环境更有益处。而最好的用餐方式是：拒绝一次性餐具，使用可以反复洗涤、消毒的器皿。

听说使用一次性餐具是一种浪费。

洋快餐里的每样食物使用的都是一次性的包装。

收集到了许多数据，应该怎样做出决定呢？

将每位同学调查和访问的结果统计出来并进行比较，看看你有什么发现？

| 调查项目 / 调查地点 | 生日餐产生废弃物的调查结果 | | 生日餐费用情况调查结果 | | | 生日餐主要食品对健康的影响调查结果 | |
| --- | --- | --- | --- | --- | --- | --- | --- |
| | 废弃物种类 | 废弃物数量 | 最高费用 | 最低费用 | 平均费用 | 对健康有益的食物 | 对健康有害的食物 |
| 洋快餐 | | | | | | | |
| 中餐厅 | | | | | | | |
| 家中 | | | | | | | |

面对统计结果，你还会犹豫吗？生日餐在哪儿吃更好？

# 第 2 课 选购生日餐食品

　　我们刚来到这个世界上的时候，是妈妈的乳汁哺育我们长大。当我们越长越大时，运动量也会越来越大，妈妈会给我们吃各种各样的食物，满足我们对营养的需求。

　　你知道我们的身体从各种食物中获取了哪些营养吗？怎样吃食物才能让我们摄取的营养达到均衡？要选购什么样的食物才能保证身体的健康？

　　下面我们从选购生日餐的活动中去了解关于食品、人体健康和环境保护的问题。

## 选购生日餐食品

面对丰富的食品市场，在生日餐上你将选择哪些食物呢？请你从食品内容、食品数量和盛放食品的容器三个方面进行考虑，选购你在生日餐上食用的食品。

食品市场的食物可真丰富啊！你会怎么选择呢？

用一次性的塑料袋装这些食品多方便。

我会各种食品都选择一些。

我主要选择鱼、肉和鸡蛋。

购买太多，吃不完就浪费了。

在班级或小组内召开一次新闻发布会，在新闻发布会上告诉大家，你是怎样选购生日餐食物的，为什么要这样选购？

## 新闻发布会

在新闻发布会开始之前，应根据自己的思考和实际经验制定一份新闻发布提纲，作为自己新闻发布的主要内容。

**新闻发布会提纲**

● 主要选择鱼、肉和鸡蛋，是因为我喜欢吃这些东西。

● 一年就过一次生日，应该在这个时候多吃一些。

● 选用布袋子装东西，以后还能重复使用。

● ……

# 选购的食物主要包含什么营养

营养素与健康有着密切的关系。它是能在体内消化吸收、供给热能、构成机体组织成分、调节生理机能、为机体进行正常物质代谢所必须的物质，包括蛋白质、脂肪、糖类、维生素、矿物质、纤维素和水七大类。

我们所选购的食物包含哪些营养？它能满足我们身体生长发育的需要吗？下面我们用实验的方法来看一看。

在食物上面滴一点碘酒，如果食物变成紫色，说明含有糖类。

要判别食物中是否含有糖类，可以采用什么办法呢？

把它放在纸上涂抹几次就知道了。

这种食物中含有脂肪吗？

怎样知道是否含有蛋白质呢？

最简单的方法就是把食物放在火上烧，闻一闻是否有像燃烧头发时散发出的气味。

## 生日餐吃什么

只吃自己喜欢吃的某一种食物，能保证我们身体的健康生长发育吗？在生日聚会的时候我们应该吃什么呢？

要吃适量的水果和蔬菜。

荤素要搭配，并且注意食物的多样化。

为了能让我们不断地生长发育，不断地补充活动所需的能量，我们应该怎样吃食物？

看来没有哪一种食物含有全部七种营养素。

使用它可以减少因使用一次性塑料袋而产生的垃圾。

去市场上买菜，带一个布袋子干什么？

这种食物的包装真漂亮，看着就想买。

食品的包装越精美复杂，给环境带来的破坏就越大，而且价格也会更高。

绿色食品没有受到污染，对人体的健康有益呗！

绿色食品比其他食品都要贵，怎么还有那么多人买呢？

这可不一定，有些害虫产生了抗药性，可能施用大量的农药都没用！

这种蔬菜上面有虫眼，肯定没有洒过农药！

 **交流** 谈谈你对上面四组对话的看法。

在班级内办一期主题为选购生日餐食品学问的黑板报，告诉大家在选购食品时要注意的营养问题和环境问题。

# 第 3 课 走进厨房

当我们走进厨房准备处理选购回来的各种食品时，你有没有想到许多与厨房有关的环境问题会接踵而来？

人们往往重视加工食品的安全性，而经常忽略自家厨房中的污染问题。实际上，家庭厨房与食品加工厂一样，也可能带来污染物质。

食物的配料、储藏、洗涤、烹调、包装和餐具等环节都有可能成为家庭厨房环境污染的原因。只有在以上环节中将污染物质拒之门外，才能让自家厨房烹调出的食物让家人放心。

这节课将从食物的洗涤和盛放器皿入手，来了解有关厨房中的环境问题。

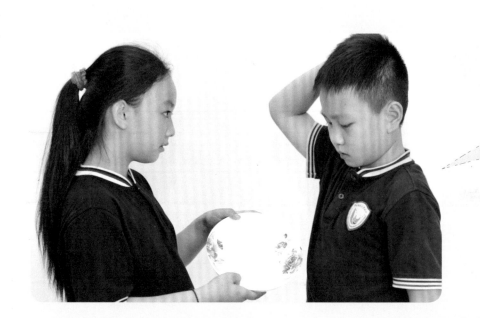

家里的厨房这么干净，食物也会被污染吗？

# 谁的菜洗得又快又好

从市场上选购回来的蔬菜和水果在食用前我们一定要对它们进行彻底清洗，不仅仅是针对上面的泥沙，残留在蔬菜、水果上面的农药我们更要小心谨慎。

让我们开展一次清洗蔬菜、水果的游戏，分别选择根菜类（如土豆）、叶菜类（如白菜）和水果类（如苹果）食物进行清洗，看谁清洗得又快又好。在活动中请记住你清洗的方法和清洗的用水量。

**材料清单**　三个同样大小的塑料盆（其中一个标有水位线），一盆清水。

（1）以小组为单位。

（2）在根菜类、叶菜类和水果类中，各选出一种材料。

（3）小组讨论：怎么做才可以既洗得干净又节省用水？

（4）进行清洗活动。

选择两种蔬菜进行清洗，做到既要清洗干净又要节省用水。

**注意**：不要把水泼出来。

## 我们小组的研究结果记录

| 洗蔬菜、水果的效果 | | 用了多少水 | 节约的水量 |
|---|---|---|---|
| 干净 | 不干净 | 格 | 格 |
| 我们的方法 | | | |

 **交流** 把我们的发现告诉大家！

**我的洗涤绝招**

向大家介绍一下你在清洗水果、蔬菜活动中的洗涤方法和用水量。

先用盆中的水清洗掉食物表面的泥沙，再用一点流动的水清洗，既干净又省水。

我用流动的水清洗会很干净！

我用洗涤剂可以洗去食物表面的农药。

 **交流** 介绍各自在清洗活动中的绝招。

 环保美食提示

● 洗涤剂本身会滋生大量的微生物，对于已经渗入蔬菜、水果表皮的农药，洗涤剂也无可奈何。

● 洗涤剂唯一的作用是去除油污。关于这一点，普通的肥皂和淘米水也可以做到。

● 洗涤剂需要流水不停地冲洗 5 分钟才能洗干净，可这样实在过于浪费水，又非常麻烦。

● 蔬菜和水果可以用淘米水或淡盐水稍加浸泡，皱褶处可以用软刷清洗。

 厨房用水的再利用

进行一次竞赛，比一比谁的厨房用水再利用途径最多。

我用洗米的水洗菜。

我用洗菜的水浇花。

我把这些水集中起来冲厕所。

　　厨房是家庭中的第二用水大户，洗菜、淘米、刷锅、洗碗等都要用水。这些水往往只用一次就被倒掉，成为污染江河的生活污水。其实只要动动脑筋，大部分洗涤水完全可以再次利用。

　　洗菜水里有一些泥沙，淘米水中溶解了一些淀粉、蛋白质等营养素，因此，这些是浇花的最好水源。淘米水具有微弱碱性和洗净力的功能，可用来刷碗和洗菜。洗碗时要冲洗多遍，其中最后一两遍的水其实相当干净，可以用来刷锅、擦桌子，也可以保存在盆里或桶里，用来洗涤抹布、冲洗拖布、洗刷拖鞋等。假如不嫌麻烦的话，还可以把用过的水集中在桶里，放到卫生间冲洗厕所。

　　如果家家都实行一水多用，也许我们会惊讶地发现，用原来一半的水量也可以过上清洁舒适的生活。

把你一水多用的方法跟大家说一说。

道理都明白了，就看真功夫了！

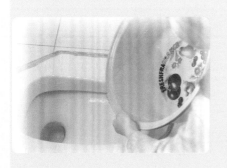

第2章　今天我当家

69

开展一次小竞赛活动，看看谁在厨房用水再利用的活动中方法多、效果好。评选出班级里的三位节水能手。

节水能手

 调查厨房里的锅碗瓢盆

食物要用各种器皿来盛放，你对自己家中使用的各种食物器皿了解吗？下面做一个调查，看看我们都在使用哪些器皿。

将我们调查的结果用表格统计出来。

| | 数 量 | 使用情况 | | |
|---|---|---|---|---|
| | | 最高费用 | 平均费用 | 对健康有害的餐具 |
| 瓷制餐具 | | | | |
| 搪瓷餐具 | | | | |
| 铝制餐具 | | | | |
| 不锈钢餐具 | | | | |
| 塑料餐具 | | | | |
| 木制餐具 | | | | |
| 一次性餐具 | | | | |

 交流 把我们的调查结果告诉大家！

# 锅碗瓢盆里的环境问题

餐具是一日三餐必不可少的，美观卫生的餐具对提高食欲、保证健康有重要作用。但是，由于人类的疏忽，餐具有可能成为破坏人体健康、造成环境污染的罪魁祸首。

瓷制餐具光洁、坚固、耐用，洗涤、消毒都很方便。

可瓷碗上美丽的釉彩隐藏着重金属污染。

搪瓷餐具耐用、轻便、美观，不像金属餐具那样容易生锈。

掉了瓷的、有裂纹的搪瓷餐具可能带来硅酸铅污染。

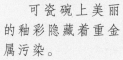

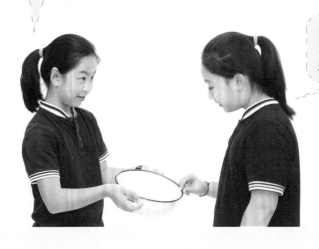

用聚氯乙烯制成的塑料餐具对人体的肝脏有害！

塑料餐具重量轻，不易损坏。

一次性餐具既干净又方便。

缺乏密封性的纸套或塑料套无法保证一次性产品的卫生。

 环保美食提示

　　大家吃饭都用瓷碗，瓷碗表面上是雪白的釉，上面有漂亮的图案。让许多人没有想到的是，在这美丽的釉彩上隐藏着重金属污染。

　　据陶瓷专家介绍，若烧制工艺合理、烧制温度够高，瓷碗表面的釉中不会留下有害的铅污染。但是，一些小厂的烧制工艺是达不到要求的，所以瓷碗的质量也是达不到要求的。

　　瓷碗上的图案由各种金属化合物描绘而成，按照制作工艺，可分为釉

上彩、釉中彩和釉下彩。其中，釉上彩最有可能残留污染物质，因为它是在表面白釉之上描绘的图案，一旦遇到酸性物质，很容易溶解出重金属而危害人体健康。因此，碗盘内部盛装食物的部位最好不要有描花，如果有描花，则不要盛装含酸、碱、盐的食物。购买瓷餐具时，要问清楚是不是釉上彩产品。

目前家用锅具以不锈钢为主，它安全美观，在一般烹调中是无毒无害的。但不锈钢锅具和餐具不适合盛放和烹调含酸的食物，否则会溶解出过多的镍、铬离子，影响钙和铁的吸收，还可能提高某些癌症的发生概率。

**环保美食提示**

水壶、铝锅、饭盒等家庭餐具以铝制品为多，具有轻巧、传热快等特点。随着铝制品的广泛使用，医生们发现，现代人体内的含铝量已悄然上升到过去的多倍。国外研究学者认为，人的衰老与铝在体内的含量成正比。由于铝很容易被空气氧化而产生氧化铝薄膜，且易溶解于酸、碱、咸性溶液中，因此，用铝容器盛放酸、碱食物，或含盐、酱烧的菜、汤等时，人们就有可能摄取铝。近年来，世界卫生组织的营养学家向人们发出忠告：少用铝、铝合金或不锈钢材料制成的餐具，而多用铁锅煮饭、做菜。这是因为大量的医学调查资料表明，尽管人们常食用鱼、肉、蛋等食物，但患缺铁性贫血的人仍然很多。这与人们经常使用铝餐具、减少了铁质的吸收有关。

关于餐具，你还了解哪些？把你知道的跟大家说说。

**交流** 我知道锅碗瓢盆里的环境问题。

一次性餐具给人们带来了不少方便，省去了饭后刷碗的麻烦事。

卫生部门发现，一次性木筷子的卫生合格率不足50％，远不及经过消毒柜处理的仿象牙筷子卫生。

一次性餐具还是生态平衡的大敌。每年要消耗千万立方米的木材生产一次性木筷；一次性纸餐具要耗费上好的木浆；而发泡塑料饭盒和一次性塑料杯极难分解，填埋后会毁掉大片良田。

## 环保美食提示

为了增强防水性，竹木餐具往往涂有清漆，而漆中含有化学污染物。发泡塑料餐具本身虽然无毒，但在加热到60℃以上时可能释放出有害物质，在微波炉中加热到高温后甚至会产生有剧毒的物质。如果用塑料餐盒盛放含油脂多的菜肴，餐盒中的增塑剂等添加物质可能会溶解到油脂中。人们感觉"餐盒变软了"就是这种溶解作用造成的。

有人说要消灭一次性筷子，你是怎样想的？

# 第 4 课 　锅碗瓢盆交响曲

让我们操起锅碗瓢盆，奏响一支锅碗瓢盆交响曲，为自己的生日餐烹制出营养、美味、可口的食物！

在烹制食物前，你是否为各种食物选择好了烹制的炊具和烹制的方法？

可别小看这些问题，它们都关系着厨房这个家庭小环境的质量。

下面让我们一起来选择有利于厨房环境的炊具，并用它们烹制出精美的生日餐食物。

我是烹调高手，
还是环保专家。

第 2 章　今天我当家

75

## 烹制生日餐

　　让我们选择环保的炊具、运用科学的烹饪方法，自己烹制一顿生日餐，在烹饪食物的过程中去体会劳动的快乐！

你准备用什么炊具来烹制生日餐食物？

听说用微波炉烹制食物既节能又环保。

你准备选择什么食物进行烹制？

我准备制作一道富含蛋白质、脂肪、维生素的健康菠萝鸡肉片，既达到了营养素的互补，又鲜美可口。

怎样烹制食物才能保证食物的营养不被破坏？

在保证食物变熟的情况下，尽量缩短食物的加热时间。

怎样烹制食物更能体现环保呢？

我准备采用蒸的方法，这样可以减少油烟的产生。

向老师、家长和同学请教使用微波炉的方法。

## 生日餐的分享与评价

当营养、美味、可口的生日餐食物呈现在大家面前时，一定会为自己的成绩感到骄傲。快快叫上家人和朋友，一起来分享自己生日的快乐吧！

当你和大家享用生日餐的时候，有没有想过自己烹制的这一顿生日餐健康、环保吗？

在分享劳动成果的同时，向大家介绍你的生日餐烹制方法，让大家评说一下你的生日餐是否环保吧！

我采用的是不会产生有害气体和废物的微波炉。

我选用的材料全部都是绿色食品，它们本身就是环保的！

我的生日餐没有煎炸烧烤的食物，不会产生油烟。

# 传统炊具的弊病

对于厨房来说，烹制食物过程中各种锅具、燃气灶具的使用，是其遭受重污染的主要来源。

在传统炊具和现代炊具并用的今天，我们应该做出怎样的选择，使得厨房保持清洁和漂亮的同时，还能做到节能和环保？

和同学们说一说，你对传统炊具的看法。

可是传统炊具在燃烧的同时会迅速地消耗氧气，排放出二氧化碳、一氧化碳、氮氧化物等有害气体。

传统炊具已经使用很多年了，人们已经习惯于使用它们。

如果能节约燃具的燃料使用量，就是在保护厨房中的环境，也是在改善整个家庭的空气小环境。

如果烧煤和木炭的话，还会产生二氧化硫等更多的有害气体。

 交流 我对传统炊具的看法。

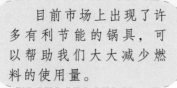

目前市场上出现了许多有利节能的锅具，可以帮助我们大大减少燃料的使用量。

用焖烧锅来煮粥煲汤，既安全又好喝。

电是清洁能源，用微波炉、电炊具烹调也可以减少燃气的使用量，而且热效率很高。

用高压锅来烹调难煮熟的杂粮和肉类又快又烂。

近几年来，微波炉越来越普遍地走进我们的家庭，但是微波炉的安全防护问题也让不少家长心存不安。目前，微波泄漏的国际标准是每平方厘米不超过5毫瓦，而我国市场上一些著名品牌的微波炉检测标准不超过每平方米0.1毫瓦。可以说，优质的微波炉是一种安全而高效的炉具。

有关专家还指出，微波炉不但不会破坏食物营养，而且能对促进人体健康起到意想不到的作用。微波是一种高频波，以每秒24亿次的速度变换，引起水分子的高速运动、互相磨擦，从而产生极大的热量，以此加热和烹饪食品。微波炉的烹调时间很短，所以对微波食品的营养破坏相当有限。据食品卫生监督部门检测分析，卷心菜经微波炉烹饪，维生素C的损耗率为4.76％，而传统烹饪方法导致的损耗率为 19.04％。另外，使用微波炉烹饪时，食品中矿物质、氨基酸的存有率也比使用其他烹饪方法时的高得多。如用微波炉烹饪蹄髈，八种必需氨基酸为微波加热前的 98.6％。

此外，利用微波炉烹饪食品，可以大大缩短烹饪时间，进而节省能源。据实验证明：虽然微波炉的输入功率可达 100 W 左右，但微波炉烹饪食品比电炉烹饪食品平均可节省 55％的时间、40％～50％的用电量，比天燃气灶烹饪平均可节省一半时间。

在各种炊具中，你会选择哪一款烹饪食物？

烹饪方法的选择不当也会造成环境污染吗？

从烹调的方法来说，熏烤的烟气和高温时的油烟是厨房中最可怕的污染，它们含有太多的有毒、致癌物质，也是厨房变得肮脏丑陋的主要原因。

不做熏烤煎炸食品，努力减少烹调中烟气的产生量，不仅能保持厨房的清洁，也做到了节能和环保。

环保美食提示

中国人烹调时温度较高，油烟产生量居世界之首。采用以下措施不仅可以减少油烟，还可以收到减少脂肪、预防肥胖的效果。

一是尽量少做煎炸食品，因为煎炸时油温高，产生的油烟特别多。

二是炒菜时不要等到油烟已经很大了再放菜，可以扔进一个花椒或葱片，发现周围出现许多小泡，便说明温度已经达到要求。

三是在煮菜、炖菜时可以直接使用含有油的肉汤、鸡汤，而无须放油炒。

四是用心开发更多的蒸、煮、凉拌菜肴，减少烹调油的用量。

在我们的家中，有哪些烹饪方式会造成环境污染？

 交流 我们家中不合理的烹饪方式。

怎样吃更科学

也许你能通过食物、炊具、烹饪方法的选择来达到促进身体健康、维护生活环境的目的。可是你知道吗，这一目的其实是贯穿于整个饮食活动过程中的，当然，也包括"吃"的环节。

怎样吃才更科学？请你说一说下面的哪些事例是符合健康和环保要求的。

晚上有好吃的，中午的一餐饭可以少吃或不吃。

珍惜食物就是保护环境，大吃大喝、浪费食物不是文明人的所为。

早上要赶去上学，早饭就不吃了。

今天有好看的电视节目，快点吃完了好去看。

 交流 以上这些想法和做法合适吗？

# 第 5 课 | 清理战场

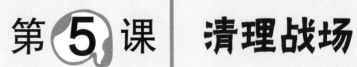

在和好朋友享用了一顿自己烹制的生日餐后，作为今天当家的你来说，还会做些什么呢？

也许烹饪食物时产生的一堆垃圾等待着你去处理，怎样处理这些垃圾是这节课和大家一起要解决的问题。

# 怎样处理餐饮过程中的垃圾

择菜时留下了一些发黄的菜叶和不要的菜根、瓜皮。

吃饭时留下了一些饮料罐和鱼骨头！

不要以为这些垃圾没有用处，对于某些昆虫、细菌和真菌来说，这些废弃物便是食物，而且这是构成它们生命循环的必不可少的一部分。

垃圾当然是那些不想要的和没有用的东西。

听说垃圾是放错位置的财宝，只要对它进行分类，就可以变废为宝！

食物残渣在河流湖泊中会发酵、腐烂，使河流变黑、变臭，使鱼、虾缺氧死亡！

我们家有一种叫铁胃的电器，它可以将食物残渣粉碎后直接冲入下水道。

环保美食提示

近年来出现了一种放在厨房水池边上的小型家电，称为"铁胃"，学名叫"食品垃圾粉碎机"。它的主要功能就是把剩饭、剩菜、骨头、鱼刺等轧成碎末，然后直接冲入下水道，而不用将它们很麻烦地收集起来扔到垃圾袋里。这种产品的宣传口号是"减少垃圾，有利环保"。

然而，厂商的宣传正好证明其不懂得什么是环保。食品垃圾扔进垃圾箱固然是一种污染，冲入下水道的污染却更为严重！目前我国绝大部分城市生活污水都没有经过处理而直接排放到河流、湖泊中，冲入下水道的各种食物残渣会在河流湖泊中发酵、腐烂，使河流变黑、变臭，使鱼、虾缺氧死亡。我们身边那些失去生命、失去利用价值的河水、湖水，就是这样被人类污染毁灭的。

许多国家的环保志愿者都建议家庭主妇不要把剩饭、剩菜倒进下水道，而是收集起来单独放在标有"有机垃圾"的垃圾袋中，以后将其进行发酵制成肥料。因此，为了孩子们还能够见到清澈美丽的河流，请远离"铁胃"，尽量减少冲入下水道的垃圾。

在垃圾的处理方面，你有什么好的建议吗？如果没有，不妨去收集一些有关这方面的资料。

环保美食提示

日本对垃圾的处置方法是焚烧。日本各地方政府把可回收利用的废弃物回收，将剩余的垃圾集中到焚烧场进行焚烧处理。通过垃圾焚烧，产生蒸气，蒸气推动发电机发电。日本每年靠焚烧垃圾发电就可以解决一部分社会供电。

西方发达国家，对家庭的垃圾，首先是自己分类放置，再按市政府规定的时间，把不同的废弃物放在门前，由清洁公司分别集中回收，同时要支付清洁公司清洁费。如星期一回收废纸，就把废报纸、旧图书、画册集中在一起，放在门口。星期二回收玻璃，就把酒瓶、罐头瓶集中放在门口。星期三回收金属，就把易拉罐等金属制品集中放在门口。每周六回收大件废弃物，就把准备丢弃的彩电、冰箱、家具等放在门口。当然，清洁公司也会针对回收东西的多少收取一定的费用。

通过学习收集到的资料，你对处理我们生日餐的垃圾有什么好的建议吗？

不管采用什么方法，首先要对这些垃圾进行分类！

现在世界各国处理固体废弃物的主要方法是露天处理场焚烧法、填埋法和堆肥法。

饮料罐等可以回收的垃圾应送到废品回收站。

饭菜的残渣怎样处理更好呢？

将这些饭菜残渣进行发酵制成有助于植物生长的肥料。

## 分解废弃物

大自然摆脱垃圾的独特方法就是将垃圾分解掉并重新利用。当然，这种方法也被人类所运用——填埋垃圾和堆肥，利用自然界中分解者的分解作用来处理垃圾。

自然界中的分解者是怎样分解垃圾的？不同的垃圾会有相同的分解结果吗？让我们一起做一个研究食物腐烂速度的实验，来回答这些问题。

准备好这些实验用具和材料后就可以开始实验了！

**材料清单**

三片面包；

油漆刷；

水性涂料（或油漆）；

喷水壶；

三个盘子；

记号笔；

漂白剂。

步骤如下。

（1）用记号笔在第一个盘子上标出"水"，在第二个盘子上标出"漂白剂水"，在第三个盘子上标出"涂料"。

（2）在每个盘子上都放一片面包。

（3）用喷水壶将洁净的水喷在标有"水"的盘子中的面包上。

（4）用喷水壶将漂白剂水喷在标有"漂白剂水"的盘子中的面包上。

（5）用油漆刷把剩下的一片面包刷上涂料后，把三片面包放在同样温暖潮湿的房间里。

注意：一定要把面包放在不会招到臭虫或老鼠的地方。一旦面包上开始长霉，就要戴上手套摆弄它们。如果房间干燥，记住每天给面包上喷一些水以保持面包潮湿。

一个星期后看看面包上发生了什么变化。这些变化说明了什么？

哇！喷水的这块面包先长出了霉。

可能与涂料是一种化学物质有关。

咦？刷有涂料的面包一点变化也没有，这是怎么回事呢？

环保美食提示

　　霉菌（真菌的一种类型）和细菌会吃掉或分解掉自然物质。你并不总能看到这些有机体，不过当你看到一块腐烂的食物时，你应该明白这些有机物在发挥作用。自然物质的分解速度要比塑料和化学物质等人工制造的物质的分解速度快得多，这是因为细菌和霉菌能吃掉自然物质。

环保美食提示

　　生态系统中的所有废物都叫废弃物，包括死去的有机体和动物粪便。大自然摆脱废物的方式是将废物分解掉并重新利用。有些动物仅靠这样的废弃物为食，叫做腐生物。这样的动物包括金龟子、倍足纲节动物、鼻涕虫、蜗牛、跳虫、潮虫和蚯蚓。这些动物吃较大块的废弃物，并将其转变成较小块的排泄物，这样就更有利于细菌和真菌等分解者消化并分解成基本化学成分。在进行这项重要工作的过程中，这些动物释放出能被植物所利用的二氧化碳。在这一过程中，一个生物在其生命中吸收的所有物质最后都要以一定形式返回到大地中。

制作堆肥

　　让我们请自然界中的分解者帮忙把生日餐中产生的"生物垃圾"分解掉，制成肥料来改善花园中的土壤。

将一个去掉底的水桶插入花园或苗圃的地里。

往桶里装满厨房中的垃圾（菜叶、菜根、瓜皮、鱼骨头），同时放上一个饮料罐和一个塑料袋，把所有东西都搅拌在一起。

用泥土把废弃的食物盖上，并用一块塑料布把桶密封起来。

一两个月后将堆肥从桶中取出用作肥料。看看饮料罐和塑料袋被分解掉了吗？

# 社区 "六·五" 演出

SHEQU "LIU·WU" YANCHU

第3章

# 给小公民的一封信

亲爱的小·公民：

每个人都生活在一个由许多个家庭构成的社区里。在这里，有为我们提供商品的商店，有为我们提供教育的学校、幼儿园，有为我们提供医疗保健的卫生单位，有为我们提供娱乐、锻炼服务的休闲场所……可以说，我们生活的社区就是我们大家的"家"。

本学期将要邀请你参加到社区"六·五"演出的活动中来。

相信你一定乐意参加这个活动，因为在以后的日子里，你将和小伙伴们在自己生活的社区里，从一场专门为"六·五"世界环境日准备的社区文艺演出入手，去了解我们生活的社区，去发现我们社区里环境建设中好的和不好的现象，并把我们的发现编成各种文艺节目，在"六·五"世界环境日的时候表演给社区的居民们看，用自己的实践行动为创建"绿色社区"贡献一份力量。作为一名社区的小·公民，你一定会为自己将要从事的工作感到自豪！

作为社区的小·公民，我们都有义务承担维护社区环境的责任，让我们通过自己的努力，使得我们共有的家园更美好！

你的环保朋友——蓝鹊

# 第 **1** 课  亲近我们的社区

社区，我们大家的"家"，可是你对这个"家"了解吗？这个"家"在哪儿？这个"家"有哪些设施？这个"家"有多少人口？这个"家"是怎样进行美化的？这个"家"是怎样处理垃圾的……你都能准确地说出来吗？

现在，就让我们去亲近自己的社区，了解社区里的方方面面，说一说我们的社区是什么样的。

## 怎样了解我们的社区

可以去调查社区里影响居民健康生活的噪声污染、光污染、空气污染等情况。

可以去了解社区里有哪些设施。

可以去了解社区居民的人数和职业，以及他们的年龄分布。

可以去了解我们社区的绿化情况。

可以去了解社区居民的垃圾处理和能源使用等情况。

 **我们在社区里的调查**

我们的社区究竟是什么样的？要回答这个问题，只有当我们做了详细的调查之后才能作出肯定的回答。

可以邀请和自己居住在同一个社区的同学组成小组，从社区设施（包括住宅楼、服务设施、健身娱乐设施）、社区绿化（包括绿化面积、植物种类、保护和使用情况）、社区居民（包括居民总人数、居民主要职业、居民人口分布）、社区垃圾（包括垃圾处理情况、垃圾种类及来源）、社区节能（包括使用能源种类、电能使用情况、水资源使用情况）、社区污染（包括噪声污染、光污染、空气污染）等方面做一个较为详细的调查。

## 统计表

| 调查内容 | 调查结果 | | | 医院 | 理发店 | 商店 | 菜场 | 餐馆 | 学校 | 幼儿园 | 图书馆 |
|---|---|---|---|---|---|---|---|---|---|---|---|
| 社区设施 | 住宅楼 | 数量 | | | | | | | | | |
| | | 平均楼间距 | | | | | | | | | |
| | 服务设施 | 类型 | | 医院 | 理发店 | 商店 | 菜场 | 餐馆 | 学校 | 幼儿园 | 图书馆 |
| | | 数量 | | | | | | | | | |
| | 健身娱乐设施 | 健身娱乐设施名称 | | | | | | | | | |
| | | 同时可使用的人数 | | | | | | | | | |
| 社区居民 | 居民总人数 | | | | | | | | | | |
| | 居民主要职业 | 第一位职业 | | | | | | | | | |
| | | 第二位职业 | | | | | | | | | |
| | | 第三位职业 | | | | | | | | | |
| | 居民人口分布 | 老年人／（％） | | | | | | | | | |
| | | 儿童／（％） | | | | | | | | | |

| 社区绿化 | 绿化面积 | | | | |
|---|---|---|---|---|---|
| | 植物种类 | | | | |
| | 保护和使用情况 | | | | |
| 社区垃圾 | 垃圾种类及来源 | 种类 | | | |
| | | 来源 | | | |
| | 垃圾处理情况 | 是否分类 | | | |
| | | 垃圾去向 | | | |
| 社区节能 | 使用能源种类 | 主要能源 | | | |
| | | 其他能源 | | | |
| | 电能使用情况 | 耗电量最高数 | 耗电量最低数 | 耗电量平均数 | |
| | | | | | |
| | 水资源使用情况 | 耗水量最高数 | 耗水量最低数 | 耗水量平均数 | |
| | | | | | |
| 社区污染 | 空气污染 | 污染来源 | | | |
| | | 污染情况 | | | |
| | 噪声污染 | 污染来源 | | | |
| | | 污染情况 | | | |
| | 光污染 | 污染来源 | | | |
| | | 污染情况 | | | |

商量好活动的细节后，下面让我们一起去调查吧！别忘了将调查获得的结果填写在统计表中。当然，你也可以自己设计统计表，那样会更好！

**我们对社区的了解**

| | | | |
|---|---|---|---|
| 住宅楼 | | 绿化 | 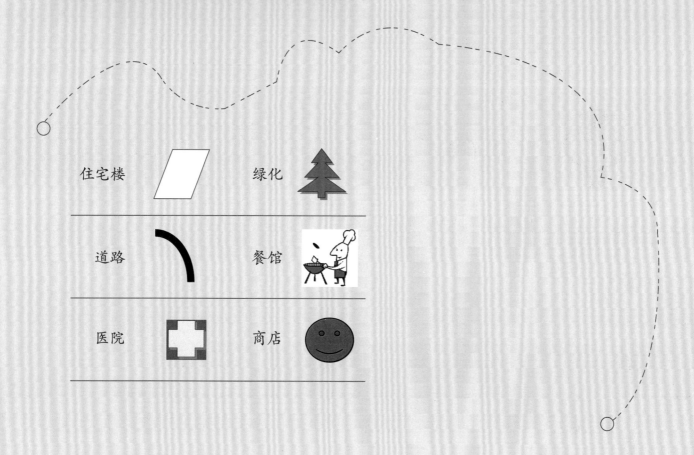 |
| 道路 | | 餐馆 | |
| 医院 | | 商店 | |

用各种符号代表社区的设施，绘制一张社区设施地形图。当然，用自己设计的符号会更好！

# 第 2 课 "六·五"演出节目单

为了配合创建"绿色社区"的活动，我们将进行一场精彩的环保演出。为了确保演出的成功，我们将一起来商量演出前的准备工作。下面我们将结合社区环境的特点，制定一种大家同意的演出方案。

## 为了"六·五"演出，我们要做什么

要选择丰富的演出形式。

吹拉弹唱我们都不在话下。

我们要考虑演出的内容。

我认为去了解那些大家关心的社区环境问题才是最关键的。

 交流 我想到的是演出准备中最关键的环节。

## 小手拉大手，身边陋习大搜索

开展一次寻找社区环境问题的活动，把大家发现的环境问题填在下面的"问题图"中。比一比，谁发现的问题多！

```
┌──────────┐      ┌──────────────┐      ┌──────────┐
│  乱扔垃圾  │      │ 小草和树木枯死了 │      │  噪声太大  │
└──────────┘      └──────────────┘      └──────────┘
      ↖              ↑                ↗
┌──────────┐      ┌──────────────┐      ┌──────────┐
│          │ ←──  │  社区的环境问题  │ ──→ │          │
└──────────┘      └──────────────┘      └──────────┘
      ↙              ↓                ↘
┌──────────┐                          ┌──────────┐
│白天路灯还开着│                          │          │
└──────────┘                          └──────────┘
```

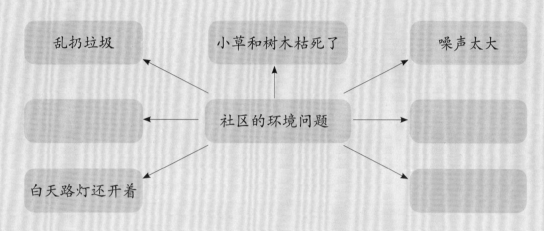

大家可以分组到社区中去调查，但一定要注意安全。

把大家发现的环境问题记录下来，然后按照问题的严重程度填写在金字塔里。最关注的问题放在金字塔的顶端，依此类推。

# 我们能为绿色社区做什么

我们可以在班级里开展演讲活动。

我们可以开展环保演出与环境保护宣传活动。

我们可以到社区里开展一些类似于收集废旧电池的实践活动。

在班级内评一评，看看哪些同学的点子更好！

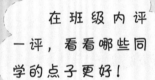

### 创建绿色社区的途径

（1）建立环境管理和监督体系，推动小区环保建设。

（2）绿色植物的面积要达到一定比例，护养绿色植物的工作要落实到家庭。

（3）维护小区环境安宁，将噪声、污染降到最小。

（4）组织绿色志愿者开展环保活动。

（5）节约能源，尽量使用节能电器和节能灯等。

（6）节约用水，达到区或市级节约用水标准。

（7）建立垃圾分类回收系统，保持社区环境清洁。

（8）设立环保橱窗等宣传栏，定期更新内容。

（9）绿色社区同时要符合文明社区标准。

**制定节目单**

根据我们在社区里的调查，可以选择大家关心的问题作为"六·五"演出的主要内容，并制定一份演出节目单。

> 我认为情景剧肯定会受到居民的欢迎。

> 垃圾问题是社区居民普遍关心的问题。

> 我们可以搞一个辩论赛，一定能调动大家的积极性。

### "六·五"演出节目单

**情景剧：** 变废为宝，垃圾分类好处多。

**小　品：** 绿色生活。

**辩论赛：** 社区能源使用利与弊。

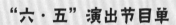

> 制定一份让大家满意的演出节目单。

# 第 3 课 | 社区里的实景彩排

社区里最令人烦恼的就是垃圾问题了。面对漂亮的垃圾箱，人们似乎总是视而不见，随手扔垃圾的现象仍到处可见；生活在垃圾箱周围的苍蝇、蚊子和老鼠更是会威胁到人们的身体健康；大多数人不将垃圾分类就丢进了垃圾箱……你身边的垃圾箱有这样的遭遇吗？让我们一起来考察社区里的垃圾箱吧！

## 调查社区垃圾箱

考察社区垃圾箱的使用及分布情况，画一幅社区垃圾站点的分布图，并把考察中发现的问题标注在分布图上。依据你的调查形成一份关于社区垃圾箱的综合评估报告。

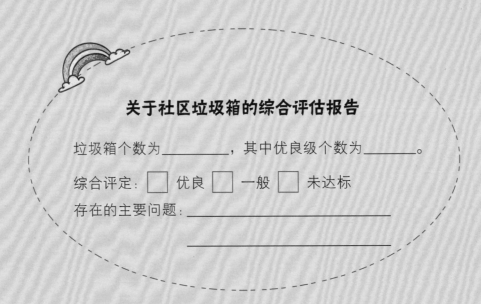

**关于社区垃圾箱的综合评估报告**

垃圾箱个数为_____，其中优良级个数为_____。

综合评定：☐ 优良 ☐ 一般 ☐ 未达标

存在的主要问题：_____

_____

针对社区垃圾处理存在的问题，请你从居民习惯、垃圾管理、处理方式等方面谈谈自己的改进意见。

 **交流** 我们对社区存在的垃圾处理问题的看法。

### 我国的垃圾处理方式

目前我国城市处理垃圾的最主要方式是填埋，约占全部垃圾处理量的 70% 甚至以上；其次是高温堆肥，约占 20%；再次是焚烧，但焚烧量甚微。

焚烧，虽然可使垃圾体积缩小 50% ～ 95%，但烧掉了可回收的资源，释放出了有毒气体，如二噁英、电池中的汞蒸气等，并产生了有毒、有害的炉渣和灰尘。

当前大量的垃圾未经分类就被填埋或焚烧，既是对资源的巨大浪费，又会对环境造成二次污染。

### 垃圾的危害

每天被我们丢弃的可乐瓶和被称为白色垃圾的塑料袋、一次性塑料餐盒都属于高分子聚合有机物，如果埋在地下，100 ～ 200 年都腐烂不了，而且会使土壤板结，使土壤的肥效下降，甚至使土壤不能耕种。

### 日本的垃圾处理

日本民众在扔垃圾时，要经过认真处理并按规定放在固定的地点。例如，扔报纸、书本时，会将报纸、书本捆绑得整整齐齐并码放好；扔废电器时，会将废电器的电线缠绕起来并固定在电器上；扔可以骑的旧自行车时，会在自行车上贴一张小纸条，说明是自己不要的。即便是生活中的普通垃圾，如果有水分，则要挤干水分，再放到垃圾袋里；带刺或锋利的物品，要用纸包好再放到垃圾袋里；用过的带有压力的喷雾罐等，要扎一个孔，以防止出现爆炸……这样做的结果是，垃圾的种类不易混淆，回收工人的操作也更加便利、安全。

### 日本人看年历扔垃圾

每年的 12 月份，所有住户都会收到一张来年的特殊"年历"：每个月的日期都由黄、绿、蓝等不同的颜色来标注。在"年历"的下方还有说明：每种颜色代表在哪一天可以扔哪种垃圾。"年历"上还配有各种有关垃圾的漫画，告诉人们不可燃的垃圾包括哪些、可回收的垃圾包括哪些……让人一目了然。有了这张"年历"，在这一年里，人们都会按照"年历"的规定日期来扔不同的垃圾。

## 挑战垃圾分类

记录并统计自己家中一个月内的垃圾处理情况和废品回收及分类情况。

### 家中垃圾处理情况记录

| 时间 | 垃圾种类及数量 | | | | | | | | | | | | | |
|---|---|---|---|---|---|---|---|---|---|---|---|---|---|---|
| | 纸品 | 数量 | 布类 | 数量 | 金属 | 数量 | 塑料 | 数量 | 玻璃 | 数量 | 蔬果 | 数量 | 其他 | 数量 |
| 第一周 | | | | | | | | | | | | | | |
| 第二周 | | | | | | | | | | | | | | |
| 第三周 | | | | | | | | | | | | | | |
| 第四周 | | | | | | | | | | | | | | |

以一个贫困学生读完小学的费用为 500 元人民币计算，如果将班上同学每家卖废品的钱收集起来，那么需要多长时间才能达到资助一个贫困学生上完小学的费用？

## 家中废品回收及分类情况记录

| 时间 | 废品种类 | 废品数量 | 是否分类 |
|---|---|---|---|
| 星期一 | | | |
| 星期二 | | | |
| 星期三 | | | |
| 星期四 | | | |
| 星期五 | | | |
| 星期六 | | | |
| 星期日 | | | |

变废为宝，既保护了环境，又资助了贫困学生，多有意义呀！

让我们"手拉手，拾起一片蓝天"，将收集废品变卖的钱捐助给贫困学生吧！

## 再利用的艺术

以下艺术品都是运用我们身边常见的废旧物品制作而成的。

试一试，你是否也能利用蛋壳、瓜子壳、铅笔屑、布等废旧材料制作出类似的工艺品呢？

# 我们生活中的能源

马路上来往的车辆使用的能源主要是汽油。

炼钢厂进行冶炼的能源主要是煤。

我们看电视、听音乐使用的能源主要是电。

家里炒菜、做饭使用的是天然气。

我家洗澡用的热水器使用的是太阳能。

请将身边的能源之最填写在下表中。

| | |
|---|---|
| 我们一天中使用最频繁的能源是 | |
| 我们小区里最浪费的能源是 | |
| 我知道带来污染最大的能源是 | |
| 我们身边最环保的能源是 | |
| 我认为最容易节约的能源是 | |

看着右图烟囱里冒出的浓烟，你有没有思考过它会带来什么样的后果？

# 温室效应的威胁

据说温室效应会威胁全球，它究竟会产生什么样的后果，让我们一起来做一个实验吧！

**材料清单**

2 个 250 ml 的锥形瓶；

1 瓶二氧化碳气体；

2 个连有温度计的单孔橡皮塞；

1 块（面积大于 2 个锥形瓶瓶底面积）黑色的木板或纸板；

1 个 100 W 的反射灯。

（1）将 1 个 250 ml 锥形瓶装满二氧化碳气体，另一个 250 ml 锥形瓶内盛满空气，分别用连有温度计的单孔橡皮塞塞住。

（2）把黑色的木板或纸板置于实验桌上，将 2 个锥形瓶放于其上。

（3）在两瓶上方用功率为 100 W 的反射灯泡均匀地照射 1 ~ 2 分钟。

**注意：**两个瓶子彼此靠近些，但不能接触。

| 实验瓶 | 初始温度 | 光照后温度 |
| --- | --- | --- |
| 盛满空气的锥形瓶 | | |
| 盛满二氧化碳气体的锥形瓶 | | |

实验结论：

通过查阅资料、动手实验，你有哪些发现？

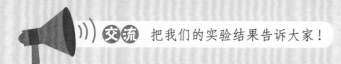

交流 把我们的实验结果告诉大家！

我国酸雨区面积在迅速扩大，已约占全国总面积的 40%。研究结果表明，酸雨对我国农作物、森林等影响巨大。仅江苏、浙江等 7 省历年来因酸雨而造成约 1.5 亿亩农田减产，年经济损失约 37 亿元。森林受损面积约 128.1 万公顷，年木材损失约 6 亿元，森林生态效益年损失约 54 亿元。

在我国，每天仅电视机的待机能耗就相当于几个大型火力发电厂的发电总额。我国电能主要来源于火力发电，而火力发电会产生二氧化碳、二氧化硫、粉尘等污染物。

各种家用电器的平均待机能耗范围为 15～30 W。其中待机能耗较大的依次为 PC 主机、电饭煲、DVD、音响、VCD、录像机、打印机和电视机。

在我国能源结构中，原煤所占的比重达 75%，我国燃煤消耗量占世界煤炭消耗总量的 27%，是世界唯一以煤炭为主的能源消耗大国。大量使用燃煤但缺乏有效的治理会造成严重的环境污染。例如，我国排放的二氧化碳中有 85% 是由燃煤排放的，90% 的二氧化硫和 73% 的烟尘也是由燃煤排放的。大量矿物燃料产生的二氧化碳会使全球气候变暖而造成环境恶化。我国二氧化碳的排放量已居世界第二位，约占全世界的13%。

## 节能对我们来说意味着什么

如果我们节约能源，那么对环境来说意味着什么？

节约能源可以减少二氧化碳的排放。

节约能源可以减少二氧化硫的排放。

节约能源意味着减少对土壤的破坏。

请分别填写下列表格。

## 节约能源问卷调查

| 小组成员 | | 班级 | |
|---|---|---|---|
| 调查时间、地点 | | 调查对象 | |
| 调查目的 | | | |
| 调查内容 | | 调查结果 | |
| 节能利用调查 | 节能灯具的使用 | 有 | 无 |
| | 分时电表的使用 | 有 | 无 |
| | 太阳能装置的使用 | 有 | 无 |
| | 充电电池的使用 | 有 | 无 |
| | 你常骑自行车办事吗 | 是 | 否 |
| | 冰箱类型 | 节能型 | 非节能型 |
| | 空调类型 | 节能型 | 非节能型 |
| | ⋮ | | |
| 备 注 | | | |

## 节约能源自我评价

| | | | |
|---|---|---|---|
| 能随时关掉不用的灯，不开长明灯 | ■ | □ | ■ |
| 听音乐时，习惯电视机和电脑同时开着 | ■ | □ | ■ |
| 家中电器多数处在遥控待机状态，不习惯使用电器的电源开关 | ■ | □ | ■ |
| 家中大部分使用节能灯具 | ■ | □ | ■ |
| 不喜欢清洁灯管、灯泡或冰箱后散热器上的灰尘 | ■ | □ | ■ |
| 家里没有安装分时电表，安装费太高 | ■ | □ | ■ |
| 夏天喜欢待在空调房里，喜欢把空调温度调得很低 | ■ | □ | ■ |
| 写作业时，喜欢把灯都开着 | ■ | □ | ■ |
| 家里安装了太阳能热水器 | ■ | □ | ■ |

## 体验节能

**目的：** 体验家庭节能的方式，倡导节约能源。

**要求：** 用心观察，坚持记录，实事求是。

**步骤：** 整个体验分为三周，为递进式体验，并请填写下表。

| 时 间 | 体验步骤和要求 | 用电量记录 | |
| --- | --- | --- | --- |
| | | 起始量 | 截止量 |
| 第一周 | 按正常情况记录家中的用电状况，不进行任何干预 | | |
| 第二周 | 随手关灯、电器不空开且不使用待机状态 | | |
| 第三周 | 将灯换成节能灯，把灯的瓦数和盏数调整到合适的范围内 | | |

把第二周的用电量与第一周的进行比较，结果是 _____

把第三周的用电量与第二周的进行比较，结果是 _____

按照节能的方式，你家在一年中能节约多少电能？折算成人民币是多少？若全国有一半或三分之一的家庭都如此，结果又会怎么样？

交流 我们的发现。

## "绿色"生活行为

在我们的生活中，哪些行为是对环境友善的绿色行为？

使用可以重复利用的布袋子买菜。

骑自行车出行。

购买和使用无氟冰箱、无氟空调。

购买不含磷的洗涤用品。

在生活中能自觉地对垃圾进行分类处理。

将我们了解到的绿色生活方式记录在下面的框里。

假如我们的周围都是绿色生活方式，那会是一种怎样的情形？

社区里的居民如何看待绿色生活方式，开展一次调查访问活动，并把调查访问的结果记录下来。

绿色生活方式具有以下三个基本特征：

（1）有健康、安全的绿色消费观；

（2）垃圾的处理注重可持续发展；

（3）注重实现人与自然的完美和谐。

### 走进绿色生活

每个人都可以通过选择绿色的生活方式来挽救地球：节约资源，减少污染；绿色消费，环保选购；重复使用，多次利用；垃圾分类，循环回收；救助物种，保护自然。

绿色生活是一个绿色的承诺，它提醒当代人不要再透支本属于后代的资源；绿色生活是新世纪的时尚，它体现着一个人的文明与信念，也体现着一个民族的素质和力量。

## 体验绿色生活

绿色生活方式的好处显而易见，让我们一起来体验绿色生活带来的变化吧！

我们组可以体验步行上学。

我们组可以体验用布袋上街买菜。

我们组可以体验水的重复使用。

### 绿色消费

　　绿色消费主要是指在社会消费中，不仅要满足我们这一代人的消费需求，还要满足子孙万代的消费需求。绿色消费提倡消费者在消费时选择未被污染或有助于公众健康的绿色产品；在消费过程中注重对垃圾的处置，不造成环境污染；引导消费者转变消费观念，崇尚自然，追求健康，在追求生活舒适的同时，注重环保、节约资源和能源，实现可持续消费。

　　我们的最高绿色生活准则5R行动如下。

　　（1）REDUCE（节约资源，减少污染）；

　　（2）REEVALUATE（绿色评价，环保选购）；

　　（3）REUSE（重复使用，多次利用）；

（4）RECYCLE （垃圾分类，循环回收）；

（5）RESCUE （救护物种，保护自然）。

在我们的家庭里，谁的生活最"绿色"呢？请为家庭里的每一位成员建立一个绿色生活档案，然后进行比较。

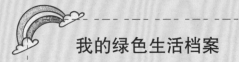

**我的绿色生活档案**

**奶奶的绿色生活档案**

·用洗脸水洗衣服，洗完衣服后用来拖地板。

·用节能灯，走出房间及时关灯。

·塑料袋脏了洗干净后再使用。

**爸爸的绿色生活档案**

·将旧书籍捐赠给希望小学；

·买了节能冰箱、太阳能热水器；

·摩托车使用无铅汽油，为了锻炼身体，他常步行上班。

我认为爸爸的生活方式更体现了现代人的特点。

往往最不懂得节约的人生活最不"绿色"，我就是家里浪费最多的人。

我家奶奶的生活最"绿色"，她总能使每一样东西发挥最大的作用。

**绿色之星**

对照下表评一评，我们的行为符合绿色生活理念吗？

| 行 为 方 式 | 评 价 | |
|---|---|---|
| | ☺ | ☹ |
| （1）你在洗手、洗碗、洗衣服、洗拖把时，是否用长流水？ | | |
| （2）你是否有开长明灯的习惯？ | | |
| （3）你是否养成随手关灯的习惯？ | | |
| （4）你家里是否有电器常常是空开着的？ | | |
| （5）吃完的口香糖你是否用纸包好才扔进垃圾筒？ | | |
| （6）你的草稿本是否确定用完了才更换新的？ | | |
| （7）外出游玩时，你往河里、湖里乱扔过废弃物吗？ | | |
| （8）你习惯使用一次性物品吗？ | | |
| （9）在野外，你是否攀折、践踏过花草树木，并随便采摘过植物？ | | |
| （10）你食用过野生动物吗？ | | |
| （11）你做过垃圾分类的工作吗？ | | |
| （12）你使用过再生纸张吗？ | | |
| （13）购物时，你是否注意过绿色环保标记？ | | |
| ⋮ | | |

让我们一起来做
绿色生活的倡导者吧!

# 第 **4** 课 演出开始

通过一段时间对自己生活社区环境建设的了解，相信你发现了许多社区环境建设中的闪光点，也一定发现了不少社区环境建设方面的问题。

现在，将我们的发现编成各种文艺节目，在"六·五"世界环境日来临之际，展现在社区居民的面前，并借这一机会倡导绿色生活方式。

# "六·五"演出现在开始

> 社区里的"六·五"演出活动马上就要开始了,大家快来看吧!

> 节目很酷哟!

**"六·五"演出通知单**

亲爱的社区居民:

　　您好!

　　兹定于6月5日晚上7点30分在社区文化中心门口举行一场由同学们自编、自演的宣传社区环境保护的文艺节目。

　　欢迎您准时参加我们的活动,并提出宝贵的意见。

华中科技大学附属小学505班"绿之梦"小队

2017年6月3日

## 情景剧：变废为宝，垃圾分类好处多

**剧情背景：**社区里存在的垃圾分类回收问题。

**演出目标：**倡导垃圾分类、变废为宝。

请根据你了解到的具体情况，编写和组织剧情。

## 辩论赛：社区能源使用利与弊

**辩论主题：**天然气在社区生活中使用的利与弊。

**正方观点：**天然气在社区生活中使用利大于弊。

**反方观点：**天然气在社区生活中使用弊大于利。

辩论时要讲求一定的技巧，善于利用对手提出的事例为自己的观点做佐证。

## 小品：绿色生活

**小品背景：** 社区内相互攀比的装修风气越演越烈。

**小品目的：** 倡导可持续消费。

在编制和表演小品时，千万不要只是博得大家的笑声，更重要的是通过小品使人们认识到可持续消费对地球和人类发展的重要性。

# 第 ⑤ 课 | 共建绿色社区

相信在演出之后，无论是观众还是演员，都会对社区的环境建设留有深刻的印象。

演出之后，我们可以采访一下观众，并从观众的反响中来反思我们需要改进的地方，再找出一条更好地建设绿色社区的途径。

 从演出中看到了什么

许多社区居民对我们这次的演出给予了很高的评价。

有一些居民认为我们的演出只是走过场。

也有一些居民认为，解决社区环境建设问题要从人们的观念和习惯入手。

 交流 社区居民对演出活动的反响。

在这次活动中，有些同学的责任感不强，甚至把活动当成了游戏。

这次活动应该让更多的社区居民参加。

 交流 我们在这次活动中的得与失。

我们在调查一些破坏环境建设的事情时，常常遭到拒绝。

很多居民都知道保护环境的意义，但是在日常生活中就是不能做到自觉维护。

也有一些居民对建设绿色的社区究竟应该做什么不太清楚。

不如组织社区居民来一次联名建议书的活动。

可以想办法借助社会的力量来帮助我们解决相关问题。

我们可以到社区居委会寻求帮助。

与小伙伴们说说在这次活动中遇到的问题，并提出自己的解决方案。

## 写给社区居委会的一封信

为了借助更多的社会力量帮助我们开展社区环保工作，我们可以联合社区居民写一封给社区居委会创建绿色社区的建议信。

思考一下我们在这封信中写些什么，怎样写更合适。

社区居委会：

为了给大家创造一个美好的生活环境，使大家能健康、快乐地学习、生活和工作，我们建议以社区居委会的名义，号召社区内所有的单位和居民开展争创绿色文明小区的活动。

希望社区居委会动员本社区的居民自觉爱护我们生活区的环境卫生，不要乱扔垃圾，保持社区的整洁，杜绝浪费的现象，养成良好的绿色生活习惯和消费方式。

愿我们的社区在大家的努力下，变成一个绿色、健康、美丽的新社区！

社区居民